《 頭の体操！ 楽しむ数字パズル 》
数字の不思議さ、面白さ、美しさと神秘を味わおう!!

柴田 和洋

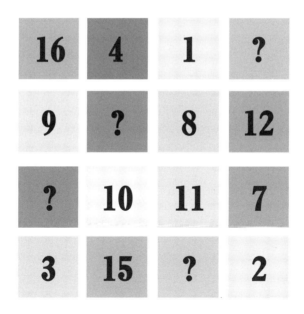

悠光堂

はじめに

　この本は、小・中学生を対象とした魔方陣の入門編です。
　「魔方陣」とは一体どういうものなのか、はじめて魔方陣にふれる子どもたちにも、実際に魔方陣を作ってみることで数の不思議さ、面白さ、美しさ、神秘・魅力などを伝えたいとの思いで「はじめての魔方陣」を出版しました。
　もちろん、大人、高齢者にもよくわかるように解説しました。「魔方陣」とは、例えば「縦と横のマス目の等しい９つの正方形のマス目を作り、このマス目の中に１から９までの整数を全部使って、すべての縦、横および２つの対角線上にある数の和がすべて等しい数になるようにしたもの」を３次の魔方陣と呼びます。以下、４次、５次……と続きます。
　魔方陣は楽しくて面白い魅力がある不思議な数の魔術で、試行錯誤を繰り返すうちに理解が深まり、皆さんにとっては数字に対してさらなる興味関心を深めるきっかけになるでしょう。この本では特別な数学の知識は必要とせず、整数の足し算だけですから安心して私と一緒に３次と４次の魔方陣の作り方を中心に勉強しましょう。例題と問題を数多く取り入れて、わかりやすく面白くをモットーに丁寧に解説しています。余力のある人のためには自由研究もあります。
　この本をきっかけとして皆さんが考える力をつけて自ら新しい魔方陣に挑戦し、作る楽しさを見つけて算数・数学をさらに好きになってくださるとたいへんうれしいです。
　そして魔方陣を親子で楽しみ、会話がはずみ、ご家族の和

と絆がいっそう深まれば私にとってこの上ない喜びです。

　結びにこの本の出版にあたって株式会社悠光堂の代表取締役 佐藤裕介氏とエディター 冨永彩花様に格別のご協力を賜りましたことに心から謝意を表します。

カバージャケット　４次の魔方陣の解説

　まずは自分の力で "？" に入る数字を考えてみてください。

　あなたは解けましたか？　では、解けなかった人へのヒントです。

　この魔方陣の魔法和がいくつか求めてみましょう。

　魔法和とは縦横斜めどこの列や行を足しても同じ数になる和のことです。

　求め方は１から16までの数をすべて足して４で割ります。

　すると答えは……？

　解けた人はカバージャケットをはずしてみてください。

この魔方陣の作り方

　魔方陣上に大小２つの台形をイメージして、大きい方に 1, 2, 3, 4、小さい方に 5, 6, 7, 8 と書き入れます。次に逆さにした台形をイメージして、大きい方に 13, 14, 15, 16 を小さい方に 9, 10, 11, 12 を書き入れると表紙の４次の魔方陣が完成します。（くわしくは p.45 へ！）

もくじ

はじめに ……………………………………………………… 3

序　章　魔方陣ってなんだろう

- ① それは楽しくて面白い数パズルだよ ……………… 7
- ② 魔方陣とは……　さっそく挑戦してみよう ……… 8
- ③ 「魔方陣」の起源 ………………………………… 8
- ④ 「魔方陣」の伝説 ………………………………… 9
- ⑤ １次の魔方陣について ………………………… 10
- ⑥ ２次の魔方陣について ………………………… 10

第１章　３次の魔方陣の作り方

- ① ３次の魔方陣の作り方Ⅰ（空欄をうめる問題）…… 15
- ② ３次の魔方陣の作り方Ⅱ（研究問題）…………… 18
- ③ ３次の魔方陣の総まとめ ……………………… 28
- ④ 魔方陣の個数の数え方 ………………………… 30
- ⑤ ３次の魔方陣の神秘と魅力について ………… 31
- 頭の体操 演習問題１ …………………………… 32

第２章　４次の魔方陣の作り方

- ① ４次の魔方陣の作り方Ⅰ（空欄をうめる問題）…… 35
- ② ４次の魔方陣の性質 …………………………… 39
- ③ ４次の魔方陣の作り方Ⅱ（研究問題）…………… 42
- ④ ４次の不思議な魔方陣 ………………………… 47
- ⑤ 完全方陣とは ……………………………… 49
- ⑥ ４次の完全方陣の性質 ………………………… 50
- ⑦ ４次の完全方陣の作り方 ……………………… 52
- ⑧ ４次の完全方陣は３種類・全部で48個 ……… 56

もくじ　**5**

頭の体操 演習問題 2 ……………………………… 58

第 3 章　4 次の魔方陣は全部で 880 個、12 種類の型

1　私の強い味方 ………………………………… 61

2　4 次の魔方陣・12 種類の型の作り方　（考察）… 62

3　一覧表を用いた 4 次の魔方陣の作り方 …………… 69

第 4 章　芸術的な魔方陣の鑑賞

1　デューラーの 4 次の魔方陣 ………………… 76

2　オイラーの 8 次の魔方陣 …………………… 80

3　フランクリンの 8 次の魔方陣 ……………… 83

4　創作　8 次の魔方陣（8 次の完全方陣）………… 86

終　章　頭の体操 魔方陣の問題 ……… 91

解答編 ……………………………………… 99

あとがき ………………………………… 108

コラム

魔方陣か魔法陣か？ 12 ／ 魔方陣は授業の教材として最適 33 ／
魔方陣の個数は全部でいくつある？ 60 ／ 魔方陣の覚え方を教え
て　74 ／ デューラーの魔方陣・作成のなぞ？ 89 ／ 遊び心で
楽しく　魔方陣を作ろう 96

6　　　もくじ

序　章
魔方陣ってなんだろう

1 それは楽しくて面白い 数パズルだよ

　魔方陣は年齢に関係なく古来から人々に親しまれ愛されて今日にいたっています。それはなぜでしょう？

　その主な理由は、私の体験から次のようにいえると思います。

◆　定義（約束ごと）が簡単でわかりやすく、面白い数パズルなので取り組みやすいこと。

◆　紙とエンピツさえあれば、いつでも、どこでも気軽に挑戦できること。

◆　発想は皆さん全く自由で、試行錯誤を繰り返しているうちに偶然できることがある。
　　そして、できたときの喜びがまた格別で、その魔方陣はその人の「お守り」や「魔除け」としても使えること。

◆　小中高大学生は自分で考える力が身につき、思考力の養成になること。大人・高齢者にとっては老化防止になり、頭の体操・脳の活性化に役立つこと。

序　章 魔方陣ってなんだろう　　**7**

2 魔方陣とは……さっそく挑戦してみよう

例えば、右図のように縦3個、横3個のマス目の等しい9つの正方形を作って、このマス目の中に1から9までの数を入れて、どの縦、横、斜めにある数の和もみな等しい数（この数を**魔法和**と呼ぶ）になるようにしたものを**3次の魔方陣**または単に**3次方陣**と呼びます。

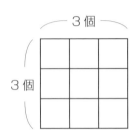

はたしてそのようなことができるのでしょうか。さっそく挑戦してみてください。

なお、同様に縦4個、横4個のマス目の場合を4次の魔方陣または4次方陣と呼びます。

以下、5次、6次……と続きます。

3 「魔方陣」の起源

魔方陣の発祥の地はどこでしょうか。

起源は明らかではありませんが、古代中国で誕生し、「方陣」と呼ばれて知られていたようです。そして、インドやアラビアを経てヨーロッパに伝わったといわれています。西洋では「magic square」と言いますが、日本では江戸時代に知られてから和算家たちが単に「**方陣**」と呼んで熱心に研究

したようです。「方」は正方形、「陣」は並べるという意味が
あります。

4 「魔方陣」の伝説

　魔方陣に関する伝説を一つ紹介しておきましょう。
　３次の魔方陣は古代中国の禹帝の時代に作られたらしいで
す。伝説によりますと、古代中国の夏王朝を建国した禹帝が
河南省を流れる「洛水」の治水工事を完成したとき、川の中
から一匹の神亀が現れました。よく見ると、その亀の甲羅に
３次の魔方陣の模様が描かれていたのを発見したということ
です。
　この３次の魔方陣は「九星図」と呼ばれてその後、天文、
易学に影響を与えました。また、このような正方形の不思議
な性質は、中世では魔術的と考えられて、人々の「お守り」、
「魔除け」としても用いられていたともいわれています。
　魔方陣については、その名のとおり、まさに魔法のような
神秘・秘密・魅力があるのです。
　では、これから皆さんと一緒に魔方陣の作り方を学んでい
きましょう。

序　章　魔方陣ってなんだろう　**9**

5　1次の魔方陣について

空欄は1個であり、数は1ですから1次の魔方陣は

$$\boxed{1}$$

のみであることは明らかですね。

6　2次の魔方陣について

　右図の□の中に1, 2, 3, 4をすべて使って魔方陣が作れるでしょうか。
　考えてみてください。
　はじめに、**魔法和を求めてみましょう**。

　数字の和（与えられた数を足すことを和といいます。）は全部でいくつになりますか。
　1+2+3+4=10　ですね。
　ここで、縦の列はいくつありますか。
　2つある。
　したがって　10÷2=5
　よって、**魔法和は5**となりますね。

このことを頭において図の□の中に
具体的に数を入れてみましょう。

　例えば、右図で左上隅を1とおく
と魔法和が5ですから1の右は4と
なりますね。

　残りの数は2と3ですから、たとえば図のように入れて
みましょう。　魔方陣ができた！！　本当に大丈夫かな？
調べてみましょう。

　確かに横の行は和が5になっています。しかし、縦の列
の和は第1列が3、第2列が7となり魔法和の5になっ
ていませんね。残念でした。

　したがって、これは魔方陣ではありません。

　右図で左上隅を1とおくと魔法和
が5ですから1の右は4が入る。す
ると魔法和が5ですから1の下の○
印も4が必要になる。

　だけど4は1回しか使えないから
ダメと。

　よって、**2次の魔方陣は存在しませ
ん**。

魔方陣か魔法陣か？

「まほうじん」は漢字で書くと魔方陣か魔法陣か？
皆さんはどちらがいいと思いますか。

西洋では、「magic square」といいますが、直訳すると「魔法の正方形」でしょうか。

中国が起源で、中国では古くから「方陣」と呼ばれていました。

日本では、江戸時代の和算家たちは、もっぱら「方陣」と呼んでいましたが、この方陣という言葉をはじめて使用したのは関 孝和といわれています。現在では「**方陣**」または「**魔方陣**」と呼んでいます。

私としては、中味には多くの魔法が含まれていますので「魔法陣」と書きたいところですが、今までのいきさつにならって「**魔方陣**」と書いていくことにします。

「方」は正方形「陣」は並べることを意味します。

また、魔方陣の定数和については「**魔法和**」と呼び、この字を用いてその神秘・魅力を引き出していきたいと思います。

なお、参考までに『広辞苑　第六版』（新村 出 編、岩波書店）には

　「まほうじん：魔方陣。方陣に同じ。縦、横いずれの行の数字もそれぞれの和が等しくなるように並べたもの」
とあります。

第1章
3次の魔方陣の作り方

いよいよ、これから3次の魔方陣の作り方に入ります。
まずは、さっそく次の問題に挑戦してみてください。

下図のマス目の中に
「1から9までの整数を全部使って、すべての縦、横、および2つの対角線上にある数の和がすべて等しい数になるように上手に入れてください」

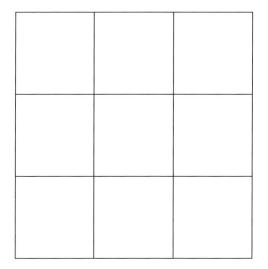

この魔方陣のことを**3次の魔方陣**といいます。
できましたか？　意外とむずかしかったでしょう。
正解は次の図のようになります。詳細は後述します。

第1章　3次の魔方陣の作り方　　**13**

8	1	6
3	5	7
4	9	2

　できなくても全く心配はいりません。この章を学べば全員が簡単に作ることができるようになりますから楽しみにしてがんばってください。
　では、これから私と一緒に3次の魔方陣の作り方を勉強しましょう。
　魔方陣を作るとき、まず最初に大切なことは2次のときと同様に魔法和はいくつかを求めることが必要です。

3次の魔法和の求め方
右図の9つの正方形のマス目の中に
1から9までの数を全部入れるので
その和をSとすると
S=1+2+3+4+5+6+7+8+9=?
計算してみてください。

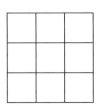

　そろばんが得意な人は暗算で、電卓がないと困るという人はちょっと待って!!
　S=(1+9)+(2+8)+(3+7)+(4+6)+5
　　=10+10+10+10+5
　　=45

とすれば簡単でしょ。

次に、縦の列は3つある（横の行は3つあるでもいい）から

45÷3=15

よって、**魔法和は15**と求められました。

では、次に空欄をうめる問題から始めましょう。

1 3次の魔方陣の作り方Ⅰ（空欄をうめる問題）

例題 次の空欄をうめて、3次の魔方陣を完成してください。

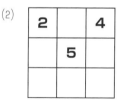

＜考え方のポイント＞

1　3次の魔法和15を求めること。
2　縦、横、対角線のそれぞれについて3つの数のうち、2つがわかれば残りの1つは求められます。

解答

(1)

3次の魔方陣の魔法和を求めることを復習しておきましょ

う。1から9までの数の和は45で、横の行は全部で3つあるから45÷3=15

よって、魔法和は15となる。

ここで左下図、右下図のように横に並んだ数を上から順に第1行、第2行、第3行と呼ぶことにします。

また、縦に並んだ数を左から順に第1列、第2列、第3列と呼ぶことにします。

左下図において、考え方のポイント2を用いて2つわかっているから

第1行について　8+1+a=15 より　a=6 と決まる。
第1列について　8+b+4=15 より　b=3 と決まる。
第2行について　3+c+7=15 より　c=5 と決まる。
第2列について　1+5+d=15 より　d=9 と決まる。
第3行について　4+9+e=15 より　e=2 と決まる。

よって、右下図の3次の魔方陣が完成します。

8	1	a
b	c	7
4	d	e

→第1行
→第2行
→第3行

8	1	6
3	5	7
4	9	2

↓　↓　↓
第1列　第2列　第3列

＜別解＞

イモづる式で6→2→9→5→3と順に次々と求めることもできます。

すべての縦、横、斜めの和が魔法和の15になっていることを確かめておこう。

16　第1章　3次の魔方陣の作り方

(2)
左下図において、考え方のポイント2を用いて
2つわかっているから
対角線について 4+5+d=15 より d=6 と決まる。
　　　　　　　2+5+f=15 より f=8 と決まる。
第1行について 2+a+4=15 より a=9 と決まる。
第1列について 2+b+6=15 より b=7 と決まる。
第2行について 7+5+c=15 より c=3 と決まる。
第2列について 9+5+e=15 より e=1 と決まる。

よって、右下図の魔方陣が完成します。

2	a	4
b	5	c
d	e	f

2	9	4
7	5	3
6	1	8

<別解>
イモづる式で6→7→3→8→1→9
と順に求めることもできます。

練習問題1
次の空欄をうめて、3次の魔方陣を完成してください。

(1)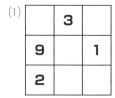
(2)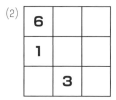
(3)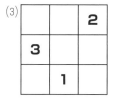

第1章　3次の魔方陣の作り方

2 3次の魔方陣の作り方 II（研究問題）

次に、一般の場合のすべてが空欄の場合について、3次の魔方陣の作り方を皆さんと一緒に考えていきましょう。
以下、一般の場合を研究問題として掲げることにします。

研究問題
右図の空欄に、「1から9までの整数を全部使ってすべての縦、横、および2つの対角線上にある数の和がすべて等しい数になるようにしてください」

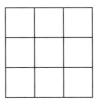

この魔方陣を **3次の魔方陣** と呼びます。

この問題は、第1章で皆さんに挑戦してもらったものです。いろいろと試行錯誤して完成できればそれでよいのですが、いかがでしたか。これからいろいろな方法を紹介しますので、あなたのやり方とくらべてみてください。

＜考え方のポイント＞
1　魔法和を求めること。
2　自然方陣（p.21でくわしく説明します）を基本においてまず考え工夫すること。
3　中心の数5を求めること。

解答

作り方1　直接試行法

＜考え方のポイント＞の１により、３次の魔法和を求めることから始めましょう。何度も出てきましたが、1+2+3+……+9=**45** であり、縦の列の数は **3** つありますから 45÷3=15 となり**3次の魔法和は 15** と決まります。

次に、マス目に１から９の数を入れるのですがあなたならどの数から入れてみますか。

やってみてください。

勝手に数を入れて試行錯誤することは大切ですがなかなかできないことがわかるでしょう。

そこで、ここでは、ごく自然に 1，2，3……と入れていくことから一緒に考えてみましょうか。

では、１から入れてみます。

１は中心　（第２列の中央）　には入りません。

なぜでしょう。

右図のように中心に１を入れてみると残りの空欄のどこにも２を満たすところがありません。

なぜならば２をどこに入れたとしても 1+2+□=15 より、□=12 となり残りの数３から９の数をこえてしまうからです。

次に１は四隅にも入りません。

なぜでしょう。

四隅のいずれでも同じであるから、例えば、右図の左上隅に１を

入れてみましょう。
　次に2の満たすところを見つけてください。
　2、3は○のところしか入りません。調べてみましょう。
　○印以外の空欄に2を入れてみると1+2+□=15より、□は12となって、9をこえてしまうからからです。
　したがって、右図のどちらかとなります。

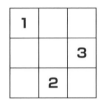 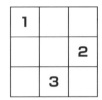

　次は4です。4をどちらの図に入れてみても満たすところはありません。確認してください。
　よって、1は四隅には入らないことになります。

　では、最後に、たとえば、第1行の中央に1を入れて考えることにします。すると、2, 3は図イか図ロのようになります。これをもとにして、図ハから図ヘができます。
　確認してください。
　さて、図イの場合は図ハ、図ニともに対角線上の数の和が魔法和の15にならないものがあり魔方陣になりません。
　次に、図ロの場合は図ホは対角線上の数の和が15になりません。図ヘは成立します。以上の結果、図ヘが3次の魔方陣として完成します。

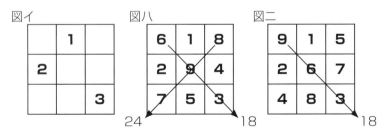

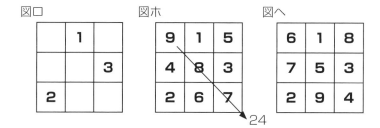

(注) 上の方法はずいぶん面倒なやり方ですが魔方陣を作る上で試行錯誤する大切な考え方ですからあえてくわしく解説しました。

作り方2　風車の3回転

図イのように1から9までの数を順番に並べた表を自然方陣と呼ぶことにします。

自然方陣図イを利用して、これを5を軸とする風車に見立てて外回りの数を1つずつ左回りさせると図ロとなります。

次に、図ロで外回りの奇数だけを1つずつ右回りさせると図ハとなります。

さらに、図ハで偶数だけを1つずつ左回りさせると図ニとなり3次の魔方陣が完成します。

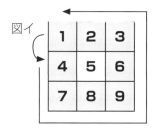
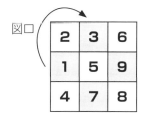

図八　[2,1,6 / 7,5,3 / 4,9,8]　　図二　[6,1,8 / 7,5,3 / 2,9,4]

作り方3　魔法和は15の中味に注目

1から9までの数で3つ加えて15になる数を調べてみましょう。

1+9+5=15　……　①
2+8+5=15　……　②
3+7+5=15　……　③
4+6+5=15　……　④

　上の①〜④の式に含まれている3数を対角線と十文字の縦と横に配置するように考えたい。そのためには、①〜④より、5が4回、その他の数は1回ずつ現われているから下図のように中心は5を入れるとよいことがわかります。そして、例えば、左下図のように①〜④を配置すれば3次の魔方陣が作れます。また、例えば、右下図のように①〜④を配置しても魔方陣が作れることがわかるでしょう。

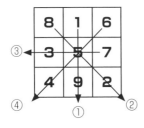
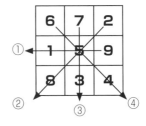

22　　第1章　3次の魔方陣の作り方

作り方4 斜め方式

図のように魔方陣図の外側に同じ図形を4つ用意します。

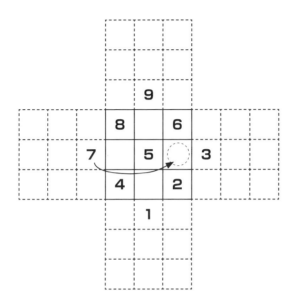

中央の3×3の正方形の外側に同形の4個の正方形を作り、上の図のように1から9までの数を3つずつ斜め上に向かって記入します。

次に、枠外の数1, 3, 7, 9を枠内の定位置に戻すために、外側の正方形を切り抜いて中央の正方形に重ねると下図の3次の魔方陣が得られます。

8	1	6
3	5	7
4	9	2

第1章 3次の魔方陣の作り方

作り方5　斜めとび方式

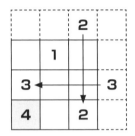

　枠内図の1から始めて斜め右上に2をとり、枠の外に出たので魔方陣の中のもとの位置に2をもどします（右上図参照）。3も同様。4はすでに1が入っているので3の位置から1つ下に4を入れます。なぜでしょう。

　そのわけは魔法和が15であることに注意して他の空欄に4を入れてみるとここしか満たすところがないことが確認できるからです。調べてください。

　以下、同様にして繰り返していくと枠内に3次の魔方陣が完成します。

作り方6　桂馬とび方式

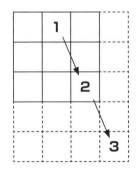

24　　第1章　3次の魔方陣の作り方

将棋に桂馬とびというのがありますが、例えば、前頁左図の１から２、２から３のようにとぶのを桂馬とびといいます。

　さて、３次の魔方陣の外側に同じマス目を作り図のように第１行の中央に１をとり　右下へ桂馬とびして２を、３は枠外にでるので枠内のもとの位置に戻します。４は１がすでに入っているので、３の１つ下に４を入れます。以下、同様に繰り返していくと枠内に３次の魔方陣が完成します。

作り方４～６の３方式は奇数の５方陣、７方陣、９方陣……などにも適用できます。

自由研究
　余力のある人は、作り方４～６の３方式を用いて５次の魔方陣を作ってみよう。魔法和は65です。

練習問題２
　次の空欄を指定した方式でうめて、３次の魔方陣を完成してください。

(1)斜め方式　　　　(2)斜めとび方式　　(3)桂馬とび方式

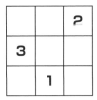 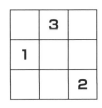 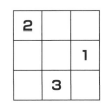

第１章　３次の魔方陣の作り方

作り方7 世界一簡単な方法

視点を変えて遊び心で楽しく魔方陣を作ることを教えてあげましょう。

左下図の自然方陣から、2つの平行四辺形をイメージしてそれぞれ矢印の向きに数の移動を1つずつすると右図の3次の魔方陣が完成します。

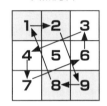

作り方8 数学的・論理的方法

次の作り方は論理的に展開していますのでむずかしいと思われる人はとばして要点のまとめに移ってもいいですよ。

ここでは3次の魔方陣は上図で表されることを論理的に証明します。

魔法和を求めることの復習。⇔ **3次の魔法和は15**
1+2+3+……+9=45 より、縦の列は3つあるから
45÷3=15
よって、魔法和は15

中心の数を求めること。⇔ **3次の魔方陣の中心は5**
次頁右図で e=5 であることを示そう。

求める３次の魔方陣を右図のように　　おくと魔法和は１５より次の式が成り立ちます。

a	b	c
d	e	f
g	h	i

　a+e+i　=15　……　①
　c+e+g　=15　……　②
　b+e+h　=15　……　③
　d+e+f　=15　……　④

　したがって、　①＋②＋③＋④　より
　(a＋e＋i)＋(c＋e＋g)＋(b＋e＋h)＋(d＋e＋f)=60　となり
　(a+b+c+d+e+f+g+h+i)+3e=60　が成り立つ。
　ここで(a＋b＋c＋d＋e＋f＋g＋h＋i)=45　より
　45＋3e＝60
　したがって　e＝5

次に、奇数は四隅に入らないこと。⇔　四隅は偶数である

　魔法和が１５で中心の数が５であることがわかったので、次に右図のように四隅のうち仮にa＝１とするとi＝９となる。
　するとg＋h－6, c＋f=6となる。

1	b	c
d	5	f
g	h	9

　したがって、１と５以外で６より小さい数は２, ３, ４の３つしかないからc, f, g, hは定まりません。
　よって、a＝１ではない。a=3, 7, 9のときも同様です。

第１章　３次の魔方陣の作り方　　**27**

よって、**奇数は四隅に入らないこと**。
すなわち**四隅は偶数である**ことになります。

　四隅は偶数であることがわかったので、$i = 2$としても一般性は失われません。これにより、次の2つの魔方陣が得られます。確かめてみてください。

8	1	6
3	5	7
4	9	2

8	3	4
1	5	9
6	7	2

　ここで、右上図は左上図を対角線に関して対称に移したものであるから魔方陣としては同じものとして取り扱うことにします。（詳細は後述）

　したがって**3次の魔方陣は左上図**が得られます。

③ 3次の魔方陣の総まとめ

　以上のことから、3次の魔方陣の作り方の要点をまとめると結論として次のようになります。

28　　第1章　3次の魔方陣の作り方

要点のまとめ

３次の魔方陣を作るには、次のようにすればよい。
①魔法和は 15　②中心は 5　③四隅は偶数

　上の要点を使えば、３次の魔方陣が誰でも簡単に作れることがわかったでしょうね。

問　では、これをもとにして各自で再度３次の魔方陣を作ってみてください。

解　できましたか。結果は次のように 8 通りできます。

8	1	6
3	5	7
4	9	2

4	3	8
9	5	1
2	7	6

2	9	4
7	5	3
6	1	8

6	7	2
1	5	9
8	3	4

4	9	2
3	5	7
8	1	6

2	7	6
9	5	1
4	3	8

6	1	8
7	5	3
2	9	4

8	3	4
1	5	9
6	7	2

　ここで、先でもふれましたが、魔方陣の個数の数え方について述べておきましょう。

第 1 章　３次の魔方陣の作り方

4 魔方陣の個数の数え方

　魔方陣では個数を数えるとき、裏返したり、回転して得られるもの、対角線について対称なものは、和の組み合わせがすべて同じになるのですべて同じ魔方陣として扱います。したがって、前頁の8通りの3次の魔方陣はすべて同じものとみなします。

　ですから3次の魔方陣は前頁左上図のように1つしかありません。

3次の魔方陣は1個

　皆さんは、試行錯誤の結果として、前頁の8通りのうちのいずれかが得られれば「できた！」と喜んでください。

問　魔方陣が同一か否かの見分け方はどうしたらよいでしょうか？
解　それは、一隅から出る三方向を調べればわかります。

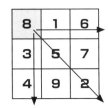 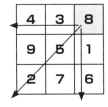

上の8通りについて確かめてみてください。

5 3次の魔方陣の神秘と魅力について

次の3次の魔方陣をよく見てください。

- ◆ 中心の数5に関して対称な2数の和がつねに10となっています。（例8＋2＝10）
- ◆ 中心の数5に3次の3をかけると15でこれは魔法和の15に等しいです。
- ◆ 四隅はすべて偶数です。
- ◆ 中央行および中央列はすべて奇数で差が等しい数列をしています。
- ◆ 中心の数5は1から9までの数の和の平均でもあります。

このように魔方陣には不思議な神秘・魅力がいろいろと隠されています。

自然数のもつ美しさ、不思議さに感動して、研究してみるときっと新たな発見や楽しさが倍加してくることでしょう。そして魔方陣への興味、関心が深まり自ら挑戦する気持になることは間違いないと思います。

皆さんの挑戦を期待しています。

頭の体操　演習問題1

問題　次の空欄をうめて、3次の魔方陣を完成してください。

(1)
6		2
1	5	

(2)
	7	
9		1
	3	

(3)
4		8
2		6

(4)
2		
	5	
6		

(5)
		8
7		

(6)
		2
	1	

魔方陣は授業の教材として最適

よく、「魔方陣は何の役に立ちますか」という質問を受けます。その答えの1つとして、私は「考える力を養う数学の授業に生かせる」をあげたいと思います。

その例として3次の魔方陣を取り上げてみましょう。

問題 右図の空欄に1から9までの整数をすべて使ってすべての縦、横、および2つの対角線上にある数の和がすべて等しくなるようにしてください。

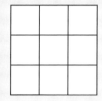

生徒たちは、夢中になってその答えを見つけようとします。まずは、いろいろな数をマス目に入れて試行錯誤するでしょう。（このことが大切）

この問題がなぜ教材としてよいのか。
その理由
- ◆ 定義がわかりやすくてパズル的で面白くだれでも興味・関心をもって取り組みやすいこと。
- ◆ なかなか正解が得られず、適当にむずかしい。失敗を繰り返すことが後に生きてくる。さらに、できたときの喜びは感動もひとしおということ。
- ◆ 正解は1つとは限らず8通りもある。実際は1個にまとめられること。

本文中で、私はいろいろな作り方を示しておきましたが、以下に示す指導が考えられると思います。

◆　自由な発想で試行錯誤してみることは忍耐力、集中力、創造力が養われる。

◆　正解が得られたときの感動・喜びはひとしお。

◆　偶然にできたならば、では論理的に証明できないのかと考える生徒もいる。(数学的論証・論理的思考力の養成・指導)

◆　四隅には奇数は入らない。仮に、1とおくと……矛盾が生ずる。(背理法の指導)

◆　魔法和が15、中央の数5を求めることがポイントとなる。(等差数列の指導)

◆　3つ足して15になる場合を調べる。(1, 5, 9) (2, 4, 9) ……など。(順列・組合せの指導)

◆　自然方陣と魔方陣の比較、偶数、奇数について。(数の話、分析力)

◆　対称性(中心に関して対称な2数の和はつねに10) (数の美しさ・神秘)

◆　4次、5次……はどうなるか。(発展的指導)

などと指導方法が広がります。

答

8	1	6
3	5	7
4	9	2

　これからの時代は未知の問題に果敢に挑戦して自分で考える力をつけることが教育現場でもいっそう大切になってくることは間違いないと思います。

第2章
4次の魔方陣の作り方

　3次の魔方陣の作り方いかがでしたか。これからさらに面白くなりますよ。ここからは4次の魔方陣の作り方について学んでいきましょう。まずは慣れたところで穴埋め問題から始めましょう。次の例題をみてください。

1 4次の魔方陣の作り方Ⅰ（空欄をうめる問題）

例題　次の空欄をうめて、4次の魔方陣を完成してください。

(1)
1		12	8
	16		5
14			
15		6	

(2)
	1	8	
	6		
		12	13
5			4

＜考え方のポイント＞
1　4次の魔方陣の魔法和は34をまず求めること。
2　縦、横、斜めについて4つのうち3つの数がわかれば残りは求められる。

解答

⑴

まず４次の魔法和を求めることが大切でしたね。３次のときと同様です。

求めてみてください。

$1+2+3+\cdots\cdots+16=136$　で縦の列は４つあるので

$136 \div 4=34$

よって、**４次の魔法和は 34** となりますね。

なお、ここで、１から16までの和を計算するので筆算では少し大変だなと思う人は、電卓使う？　イヤ！！　少し待って！

次のようにして求めるのも一法ですよ。

$T=1+2+3+\cdots\cdots+16$　　……　①

この数字を逆に並べ替えて

$T=16+15+14+\cdots\cdots+2+1$　　……　②

として

①＋②　$2T=17+17+17+\cdots\cdots+17=17 \times 16=272$

よって、$T=136$　と簡単に求められます。

自由研究

縦 n 個、横 n 個のマス目を作ってできる魔方陣を n 次の魔方陣といいます。

n 次の魔法和を求める公式は

$$S=\frac{n(1+n^2)}{2}$$　となります。証明してください。

これを用いて n=4 とおいて S=$\dfrac{4(1+4^2)}{2}$=34 と求める方法も記憶しておくと便利ですよ。

左下図において
第1行について　S= 1+a+12+8 =34 より　a=13
第1列について　S= 1+b+14+15 =34 より　b=4
第2行について　S= 4+16+c+5 =34 より　c=9
対角線について　S= 8+9+d+15 =34 より　d=2
第3列について　S= 12+9+e+6 =34 より　e=7
第3行について　S= 14+2+7+f =34 より　f=11
第2列について　S= 13+16+2+g =34 より　g=3
第4列について　S= 8+5+11+h =34 より　h=10
よって、右下図が完成します。

1	a	12	8
b	16	c	5
14	d	e	f
15	g	6	h

1	13	12	8
4	16	9	5
14	2	7	11
15	3	6	10

＜別解＞
イモづる式で、4→9→7→10→11→2→3→13と順に次々と求めることもできます。

(2)
次頁の左図において、上と同様にして
a=11, b=14, d=3, i=10, h=15 と決まります。

第2章　4次の魔方陣の作り方

第1列について　11 + c + f + 5 = 34　より
　c + f = 18　……　①
残りの数は 2, 7, 9, 16 ですから①を満たす組は 2 と 16
c=2 とすると f=16, e=23 となり不適
c=16 とすると f=2, e=9, g=7 と決まり
右下図の魔方陣が完成します。

a	1	8	b
c	6	d	e
f	12	13	g
5	h	i	4

11	1	8	14
16	6	3	9
2	12	13	7
5	15	10	4

練習問題3

次の空欄をうめて、4次の魔方陣を完成してください。

(1)

1	15		
12		13	
	4		5
7			16

(2)

	13		
6			9
7		14	12
	16		5

(3)

		16	9
	15	4	
	14		8
	2	13	

(4)

			2
	1		
		5	3
4	9	6	

２ ４次の魔方陣の性質

４次の魔方陣を作るときに次の性質を知っていると便利です。

◆ ４つの●印の和は魔法和（定和）の34

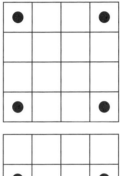

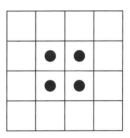

◆ ●印の和は○印の和に等しい

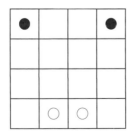

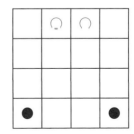

第２章 ４次の魔方陣の作り方

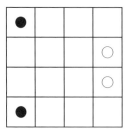
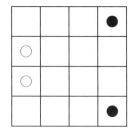

◆ ●印の和は○印の和に等しい

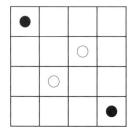
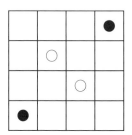

◆ ●印の和は○印の和に等しい

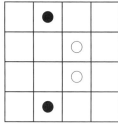
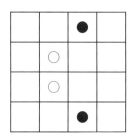

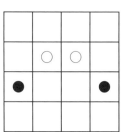
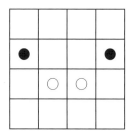

40　第2章　4次の魔方陣の作り方

自由研究

余力のある人はこの4つの性質を証明してみよう。

練習問題4

次の空欄をうめて、4次の魔方陣を完成してください。

(1)

13			12
	14		8
16			
4		15	

(2)

12	1		
		3	
5			4
		9	2

(3)

4	1		
13		8	
12		9	
			11

第2章 4次の魔方陣の作り方

3 4次の魔方陣の作り方Ⅱ（研究問題）

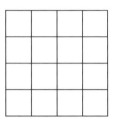

研究問題
右図の空欄に、1から16までの整数をすべて使ってすべての縦、横、および2つの対角線上にある数の和がすべて等しくなるようにしてください。

この魔方陣を**4次の魔方陣**といいます。

さて、この魔方陣はどのようにしたら作れるでしょうか。これはむずかしそうですね。

4次の魔方陣を作ることは3次とくらべてそんなに簡単ではありません。しかし、それだけに挑戦する価値があります。以下の作り方を参考にしてあなたもいろいろと試行錯誤しながら工夫してみてください。

＜考え方のポイント＞
1 　まず、魔法和34を求めること。
2 　自然方陣の利用を考えること。

解答
作り方1　対称方式
まず**4次の魔法和の求め方**を復習しておきましょう。
　1+2+3+……+16=136　で、縦の列は4つあるので

136÷4=34

よって、**4次の魔法和は34**となりますね。

＜別解＞

魔法和は公式を使えばS= 4(1+4×4)÷2=34と求められます。

下の自然方陣の図についてみると、両対角線上の数は魔法和の34を満たしているので、そのまま生かします。

残りの数については、方陣の中心に関して対称なもの同士の交換をすることにより右下図の4次の魔方陣が完成します。

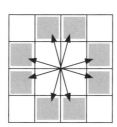

この方法は4の倍数（8次、12次、16次、……）の魔方陣に適用できます

＜別解＞

右上図の結果に注目すれば、次のようにしても4次の魔

方陣が作れることがわかります。

左上隅から1, 2, 3……と入れていき、対角線上の数はそのままにして他は消します。

次に、右下隅から1, 2, 3……と入れていき、すでに入っているところはそのまま生かすと完成します。どうです。面白いでしょう。

作り方2　自然方陣の利用

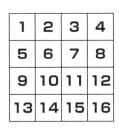

図イ

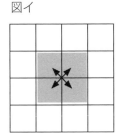

図ロ

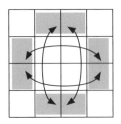

自然方陣の両対角線上の数について、四隅はそのままで、残りは中心に関して図イのように対称に交換します。

外回りの残りの数は図ロのように対面同士を交換することにより4次の魔方陣が完成します。

発想の転換 2つの図形をイメージする。

作り方3 台形を2つイメージして

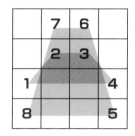

2つの台形をイメージして、左上図のように小さい方に1, 2, 3, 4、大きい方に5, 6, 7, 8と書き入れます。

次に、右上図のように、今度は逆さにして13, 14, 15, 16を、さらに9, 10, 11, 12を書き入れると4次の魔方陣が完成します。

作り方4 正方形を2つイメージして(1)

イメージ

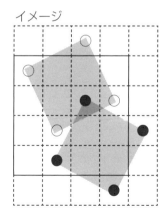
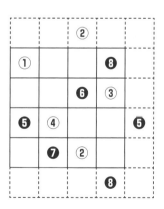

第2章 4次の魔方陣の作り方

(1) ○印は左上隅を1として右回りに2, 3, 4と入れる。②を枠内の定位置にもどす。

(2) ●印は各行○+●＝9となるように5～8を入れる。（5から左回りに6, 7, 8と入れる）5, 8を枠内の定位置にもどす。

(3) 魔法和34より 左下隅は16となるので1の下が12と決まる。

(4) 魔法和34を用いて、以下13, 10, 15, 11, 14, 9とうまり4次の魔方陣が完成する。

1	10	15	8
12	13	6	3
5	4	11	14
16	7	2	9

作り方5　正方形を2つイメージして(2)

イメージ

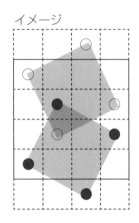

⑴　○印は左上隅を 1 として右回りに 2, 3, 4 と入れる。②を枠内の定位置にもどす。

⑵　●印は各行○＋●＝9 となるように 5～8 を入れる。（5 から左回りに 6, 7, 8 と入れる）8 を枠内の定位置にもどす。

⑶　5 の下に 16 を入れる。

⑷　魔法和 34 を用いて、以下 11, 14, 12, 13, 10, 15, 9 とうまり 4 次の魔方陣が完成する。

1	15	8	10
12	6	13	3
14	4	11	5
7	9	2	16

（注）上の⑶で、1 の下に 16 を入れると別の魔方陣が作れます。作成してください。

4　4 次の不思議な魔方陣

1	15	10	8
12	6	3	13
7	9	16	2
14	4	5	11

　上の 4 次の魔方陣は次のような実に不思議な性質をもった魔方陣であり、特に**完全方陣**と呼ばれています。

第 2 章　4 次の魔方陣の作り方　　**47**

この魔方陣は興味・関心も深まり研究する価値がありそうですね。

＜この魔方陣の神秘・魅力＞

◆ どの2行2列からなる方陣をとっても4数の和は魔法和の34に等しい。

例　右図（全部で9個ある）

◆ どの3行3列からなる方陣をとっても、四隅の数の和は魔法和の34に等しい。

例　右図 12+3+14+5=34
（全部で4個ある）

◆ 斜め上昇線、斜め下降線上の4数の和は魔法和の34に等しい。

例　7+6+10+11=34, 10+13+4+7=34……

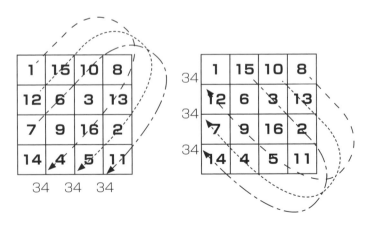

◆ 第 1 列を第 4 列に移しても、第 1 行を第 4 行に移しても 4 次の魔方陣が得られます。

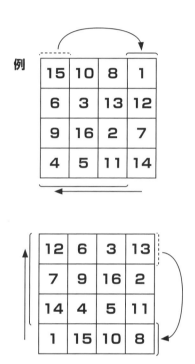

5 完全方陣とは

　前項で取り上げた例のように、魔方陣の中で、条件としてさらに斜め上昇線上の数の和も、斜め下降線上の数の和もすべて魔法和（定数和）になる魔方陣を**完全方陣**といいます。
　完全方陣については、1 次方陣 1 は完全方陣とは呼ばないことにします。

2次方陣は存在しないから**2次の完全方陣も存在しません**。

　3次方陣は右図の1通りですが、完全方陣の条件を満たしていないので、**3次の完全方陣も存在しません。**

8	1	6
3	5	7
4	9	2

　では4次方陣では　完全方陣は先の例のほかに存在するのでしょうか。これから調べてみましょう。

6 4次の 完全方陣の性質

　4次の魔方陣の中で、斜め上昇線上の数の和も斜め下降線上の数の和もすべて等しく魔法和の34になる方陣を4次の**完全方陣**といいます。

　4次の完全方陣には次のような性質があります。

◆　どの3行3列からなる方陣をとっても四隅の数の和は魔法和の34に等しく、○＋○＝◎＋◎＝17が成り立つ。（次頁例図）

50　　第2章　4次の魔方陣の作り方

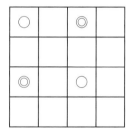

◆ どの2行2列からなる方陣をとっても4数の和は魔法和の34に等しい。（下例図）

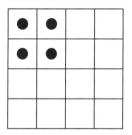

自由研究
　余力のある人は上の4次の完全方陣の性質についての証明を考えてください。

第2章　4次の魔方陣の作り方

7 4次の 完全方陣の作り方

4次の完全方陣の作り方もいろいろありますが、ここでは次の①型について求める方法をくわしく解説します。

作り方　図①型から求める方法
完全方陣の型

完全方陣の性質を用いて**4次の完全方陣は右図①型で表**されることは容易に理解できると思います。

なお、記号同士の和は○＋○＝◎＋◎＝17であることに注意してください。

①型

○	●	◎	△
▲	□	■	★
◎	△	○	●
■	★	▲	□

縦、横の4数の見つけ方

ケース＜1＞として魔法和34を満たす縦の4数として1, 4, 14, 15を選び、左上隅を1とすると縦の並び順は1, ○, 4, ○と決まる。

なぜでしょう？

1, 4, ○, ○と1, ○, ○, 4の順は不適となることを示そう。

例えば1, 4, ○, ○の場合、右図のように1, 4, 14, 15とすると第3列は3, 2, 16, 13と決まる。

1		3	
4		2	
14	x	16	y
15		13	

52　　第2章　4次の魔方陣の作り方

すると第3行は 14+x+16+y=34 より x+y=4 となり、残りの数で、これを満たす数はありません。

したがって、1, 4, 14, 15 は不適となります。

1, 4, 15, 14 のときも同様に不適。

1, ○, ○, 4 の順についても同様に不適となります。確かめてください。

よって、**縦の並び順は 1, 15, 4, 14 か 1, 14, 4, 15 と**決まります。

そこで、**縦の並び順を 1, 15, 4, 14 として横の4数を求めてみましょう。**

右図のように、①型から3列目は 13, 3, 16, 2 と決まります。

次に a+b=20 より残りの数の中からこれを満たす2数として（8, 12）と（9, 11）の2組が得られますが a=9 とす

1	a	13	b
15	c	3	d
4	e	16	f
14	g	2	h

ると完全方陣の性質から c=9 となり矛盾、b=9 とすると d=9 となり矛盾。

よって、a=12, b=8 または a=8, b=12 となり**横の4数は 1, 8, 12, 13 と決定します。**

完全方陣の作り方

a=12, b=8 とすると完全方陣の性質により c=6, d=10 と決まり、以下、e=9, f=5, g=7, h=11 と決まります。

よって、次頁の図の完全方陣が完成します。

図イ

1	12	13	8
15	6	3	10
4	9	16	5
14	7	2	11

a=8, b=12 のときは各自で調べてみましょう。

ここで、さらに、①型に注目してみてください。
実は第1列を第4列の後にもっていっても完全方陣が得られることがわかります。

具体的には次のとおりとなります。

1	12	13	8
15	6	3	10
4	9	16	5
14	7	2	11

12	13	8	1
6	3	10	15
9	16	5	4
7	2	11	14

13	8	1	12
3	10	15	6
16	5	4	9
2	11	14	7

8	1	12	13
10	15	6	3
5	4	9	16
11	14	7	2

54 第2章 4次の魔方陣の作り方

また、同様に第 1 行を第 4 行の後にもっていっても完全
方陣が得られます。確かめてみてください。

　したがって、前頁の図イをもとにして 4 × 4=16 個の 4
次の完全方陣が得られることになります。

自由研究
　上のことから①型のケース＜1＞の 16 個を作ってくださ
い。

　ケース＜1＞と同様にして、次のケース＜2＞, ＜3＞が得
られます。

ケース	縦	横
＜1＞	1,4,14,15	1,8,12,13
＜2＞	1,6,12,15	1,8,11,14
＜3＞	1,7,12,14	1,8,10,15

第 2 章　4 次の魔方陣の作り方　　**55**

8 4次の完全方陣は 3種類・全部で48個

　ケース別に縦と横の数を適用すると次のようになります。
　4次の**完全方陣**は①の型でその基本形は次の図イ、図ロ、図ハの**3種類**で表されます。

①型

○	●	◎	△
▲	□	■	★
◎	△	○	●
■	★	▲	□

図イ

1	12	13	8
15	6	3	10
4	9	16	5
14	7	2	11

図ロ

1	14	11	8
12	7	2	13
6	9	16	3
15	4	5	10

図ハ

1	15	10	8
12	6	3	13
7	9	16	2
14	4	5	11

　よって、4次の完全方陣は全部で 3 × 16 = 48 個できることになります。

自由研究
　上の図ロ、図ハについて図イで求めた方法を参考にして作成してみよう。

56　　第2章　4次の魔方陣の作り方

練習問題5

次の空欄をうめて、4次の完全方陣を作ってください。

(1)

1	8	11	14
12			
6			
15			

(2)

1	15	10	8
12			
7			
14			

(3)

15	4	5	10
1			
12			
6			

(4)

1	8	10	15
14			
7			
12			

第2章　4次の魔方陣の作り方

頭の体操　演習問題2

問題　次の空欄をうめて、4次の魔方陣を完成してください。

(1)
10			
	12		14
	13	8	11
15		9	

(2)
	1		7
15		6	
2	16		
		11	10

(3)
	1	15	
9			7
	5	11	
	16		3

(4)
4	5		
			2
13		1	
	3		15

(5)
		3	
	9	4	
2			
12	1		7

(6)
11			5
	7		2
1		4	
	3		

(7)

	6		
		4	
	1	14	
13		7	

(8)

	1		8
		9	
2			
3			10

(9)

1			13
			3
14		11	
	9		

第2章　4次の魔方陣の作り方　　59

魔方陣の個数は全部でいくつある？

　魔方陣は３次、４次、５次、……と無限に続いていきますが、その個数についてはまだ、未解決のことがたくさんあります。

- ◆　３次の魔方陣の個数は１個
- ◆　４次の魔方陣の個数は880個、このうち、完全方陣は48個
- ◆　５次の魔方陣の個数は275305224個あることが知られています。
- ◆　５次の完全方陣は144種類、全部で3600個
- ◆　６次以上の魔方陣の個数については、コンピューターをもってしてもまだ未解決のようです。

　そこで、皆さんも、試行錯誤しながら独自の魔方陣の創作に挑戦してみてはいかがでしょうか。
　そして、作成した魔方陣を「魔除け」として玄関などに飾っておくのもいいと思います。私の場合、32次の魔方陣を創作して額に入れて玄関内に「魔除け」としておいてあります。
　魔方陣は定義はわかりやすいのですが、実際に作るとなると意外とむずかしいものです。
　しかし、魔方陣は楽しくて面白く神秘・秘密・魅力などがたくさんありますので本書を読むだけでも楽しんでいただけるようにつとめたつもりです。

第3章
4次の魔方陣は全部で880個、12種類の型

1 私の 強い味方

　3次の魔方陣は1個であることと、4次の魔方陣のうち、完全方陣は48個あることはこれまでに述べたことで理解されたと思います。

　では、4次の魔方陣は全部でいくつあるのでしょうか。実は全部で880個あることが知られています。「エッ本当に」と私もその数にびっくりです。不思議でなりませんでした。では、どうしたら全部具体的に求めることができるのか。いろいろと試行錯誤を繰り返しているうちにそれを解決してくれる書物に出会いました。

　その書物は『新数学辞典』（編集者代表　一松 信著、大阪書籍）です。

　この辞典の魔方陣の項には

　「4方陣の場合は、1910年のデュードニーの分類の方法がある。この分類は和が17となる2つの数を線で結んで、その模様で分類したのであるが、それぞれが何個あるかという数は次のとおりである。

　(1) 48 (2) 48 (3) 48 (4) 96 (5) 96 (6) 304 (7) 56 (8) 56 (9) 56 (10) 56 (11) 8 (12) 8　合計880」

として各型別の個数と12種類の型とその具体例を1つず

つ挙げてくれてありました。

　また、『方陣の研究』（平山 諦、阿部 楽方著、大阪教育図書）によりますと、
　　「四方陣 880 通りを全部書き並べた本はほとんど見当たらなかった。従って 12 型の四方陣を指示したり、その具体的な作り方を説明した本もない。」
　と記述されていました。

　そこで、私はこの 12 の型に従って、さらに**ケース別に徹底分析して 880 個を実証してみたい**と根気よく挑戦してみました。

2 4次の魔方陣・12種類の型の作り方　（考察）

＜基本的な考え方＞

　4次の魔方陣は魔法和（定数和）が 34 だから 34÷2=17 より和が 17 になる 2 数の組み合わせは（1,16），（2,15），（3,14），（4,13），（5,12），（6,11），（7,10），（8,9）の 8 組あることがわかります。

　これらを私は便宜上○，●，△，▲，□，■，◎，★の記号を用いて表し、同じ記号同士の和は 17 であることに注意してデュードニー（Dudeney）が分類した 12 の型の作り方（彼がどのようにしてこれを作ったかは知るよしもありませんが）を次のように考察しました。表の番号はデュードニーの番号をそのまま使うことにします。

62　　第3章　4次の魔方陣は全部で880個、12種類の型

<考察>

型の基本としてごく自然である④型に注目して**④型をもとにして ⑤型を作ります**。

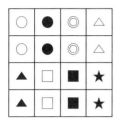

④型で上の中央の図のように矢印同士を交換すると⑤型が得られます。

次にその実例をあげます。

④型

1	6	12	15
16	11	5	2
13	10	8	3
4	7	9	14

⑤型

1	12	6	15
13	8	10	3
16	5	11	2
4	9	7	14

上の2つの例でもわかるように④型、⑤型の同じ記号に同じ数が入るということではなく型として同じ記号を用いていることに注意してください。

次に、この④型と⑤型を基本図として他の型を作ります。
その後に実例をあげておきます。
以降、左図で矢印同士の交換をすると各型の図と例が得られることを示します。

第3章　4次の魔方陣は全部で880個、12種類の型　　63

④型から⑦型を作る

④型 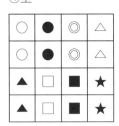 ⑦型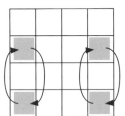

例

14	11	2	7
1	6	15	12
16	9	4	5
3	8	13	10

④型から⑨型を作る

④型 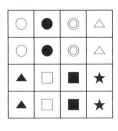 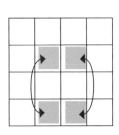 ⑨型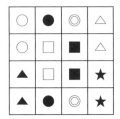

例

6	1	12	15
11	14	7	2
8	3	10	13
9	16	5	4

④型から②型を作る

④型 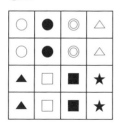 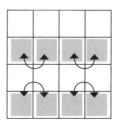 ②型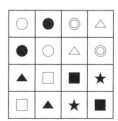

例

1	13	12	8
4	16	9	5
14	2	7	11
15	3	6	10

④型から⑪型を作る

④型 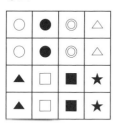 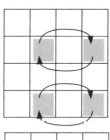 ⑪型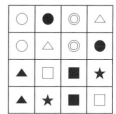

例

1	12	13	8
16	9	4	5
2	7	14	11
15	6	3	10

第3章　4次の魔方陣は全部で880個、12種類の型

⑤型から⑧型を作る

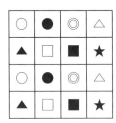

例

15	1	12	6
13	3	10	8
2	14	7	11
4	16	5	9

⑤型から⑩型を作る

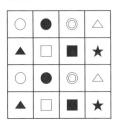
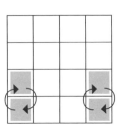
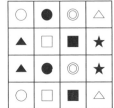

例

3	13	8	10
1	15	6	12
16	4	9	5
14	2	11	7

第3章　4次の魔方陣は全部で880個、12種類の型

⑤型から⑥型を作る

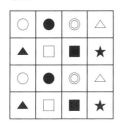

例

1	12	13	8
2	14	7	11
15	3	10	6
16	5	4	9

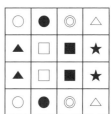

⑤型から③型を作る

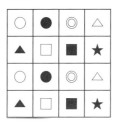

例

1	12	8	13
14	7	11	2
15	6	10	3
4	9	5	16

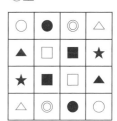

第3章　4次の魔方陣は全部で880個、12種類の型　　67

⑤型から⑫型を作る

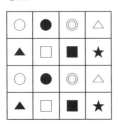 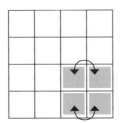 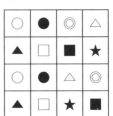

例

1	13	12	8
2	14	7	11
16	4	9	5
15	3	6	10

⑤型から①型を作る

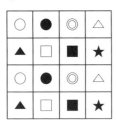 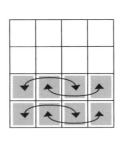 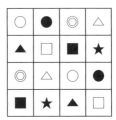

例

1	12	13	8
15	6	3	10
4	9	16	5
14	7	2	11

3 一覧表を用いた 4次の魔方陣の作り方

　次に、私は ② で考察した 12 の型別に、縦と横の数をケース別に分類して系統的に調べた結果、次頁の一覧表を作成しました。この表を利用すれば型と縦、横に表の数を適用することによって**求めたい 4次の魔方陣はすべて求めることができます。**

　では、実際に次頁の一覧表を用いて 4次の魔方陣の作り方を示してみましょう。

　例　一覧表の⑫型ケース＜1＞　縦（1,2,15,16）
　　　　横（1,8,12,13）は 4 個ある。このことから 4
　　　　次の魔方陣を作ってみましょう。

⑫型

○	●	◎	△
▲	□	■	★
○	●	△	◎
▲	□	★	■

第3章　4次の魔方陣は全部で880個、12種類の型　**69**

4次の魔方陣の総数は880個。12種類の型別一覧表

型			①	②	③	④	⑤	⑥	⑦	⑧	⑨	⑩	⑪	⑫	計
ケース	縦	横													
1	1,2,15,16	1,8,12,13						16					4	4	24
2	1,3,14,16	1,6,12,15						8	3	3	3	3			20
3		1,8,10,15						8	3	3	3	3			20
4		1,8,12,13							6	6	6	6			24
5	1,4,13,16	1,6,12,15				8	8	16	2	2	2	2			40
6		1,7,12,14				8	8	24							40
7		1,8,10,15				8	8	16	3	3	3	3			44
8		1,8,11,14				8	8	16	1	1	1	1			36
9	1,4,14,15	1,8,12,13	16	16	16										48
10	1,5,12,16	1,4,14,15						8	3	3	3	3			20
11		1,8,10,15						8	6	6	6	6			32
12		1,8,11,14							3	3	3	3			12
13	1,6,11,16	1,4,14,15				8	8	16	2	2	2	2			40
14		1,7,12,14				8	8	24	1	1	1	1			44
15		1,8,10,15				8	8	16	2	2	2	2			40
16		1,8,12,13				8	8	24	1	1	1	1			44
17	1,6,12,15	1,8,11,14	16	16	16										48
18	1,7,10,16	1,4,14,15				8	8	24	1	1	1	1			44
19		1,6,12,15				8	8	24	2	2	2	2			48
20		1,8,11,14				8	8	16	2	2	2	2			40
21		1,8,12,13				8	8	24	3	3	3	3			52
22	1,7,12,14	1,8,10,15	16	16	16										48
23	1,8,9,16	1,4,14,15							6	6	6	6			24
24		1,6,12,15							3	3	3	3			12
25		1,7,12,14						16	3	3	3	3	4	4	36
合計			48	48	48	96	96	304	56	56	56	56	8	8	880

作り方
縦（1列目）の4数 1,2,15,16 の並び順を決めること

　左上隅を1とすると⑫型より縦（1列目）の並び順としては1, 2, 16, 15と1, 15, 16, 2の2通りが考えられますが、1, 15, 16, 2の場合について、右上隅をx、右下隅をyとすると4次の魔方陣の性質から 1+2+x+y=34 より x+y=31

1			x
15			
16			
2			y

　ここで残りの数は3から14までありますが、これを満たすx, yは存在しない。

　よって、縦（1列目）の並び順は 1,2,16,15 と決まります。

　次に、横の数 1, 8,12,13 を用いて右上隅を 12,13 としたとき両方とも対角線上のa, bを満たす数が残りの数の中にありません。したがって不適。（右両図参照）

1			12
2	a	11	
16	b	5	
15			6

1			13
2	a	12	
16	b	4	
15			5

　よって右上隅は8と決まる。
　以下、10,7,9,14,4,13,12,5,11,6,3と順に決まり右図の4次の魔方陣が完成します。

1	13	12	8
2	14	7	11
16	4	9	5
15	3	6	10

第3章　4次の魔方陣は全部で880個、12種類の型　　**71**

ここで、完成した魔方陣に注目してください。

さらに、**この図をもとにして、次の魔方陣が作れます。**

1列と2列を交換すると図イ、

1行と2行、3行と4行をそれぞれ交換の後、3列と4列を交換すると図ロ、

1行と2行、3行と4行をそれぞれ交換の後、1列と2列、3列と4列を交換すると図ハが得られます。

以上のことから**合計4個の魔方陣が完成します。**

図イ

13	1	12	8
14	2	7	11
4	16	9	5
3	15	6	10

図ロ

2	14	11	7
1	13	8	12
15	3	10	6
16	4	5	9

図ハ

14	2	11	7
13	1	8	12
3	15	10	6
4	16	5	9

この例のように、まず縦の4数の並び順を決めてから、横の4数の並び順を最大で6通り調べれば横の並び順が決まります。その後は型にしたがって数値を決めていけば4次の魔方陣が作れることになります。

⑫**型ケース＜1＞の　縦（1,2,15,16）横（1,8,12,13）はどのようにして見つけるのか。**

4数の和は魔法和の34であるからその中から1,2,15,16を選び次頁の図のように縦の第1列の左上隅を1とおくと例で調べたとおり**縦の第1列の配置は**

1,2,16,15 と決まります。

次に、右上隅を a とおいて⑫型を表示してみると 4 次の魔方陣の性質を使うと次の図のようになります。

1	2a − 3	36 − 3a	a
2	2a − 2	a − 1	35 − 3a
16	20 − 2a	17 − a	3a − 19
15	19 − 2a	3a − 18	18 − a

図より 1 行目の 2a − 3, 36 − 3a, a の 3 数は残りの数 3 から 14 までの整数でなければならないので a=8 と決まります。

このとき 2a − 3=13, 36 − 3a=12 となる。

したがって横の第 1 行は 1, 13, 12, 8 の順と決まり、**横の 4 数は 1, 8, 12, 13 と決定します。**

<別解>

縦並び 1, 2, 16, 15 のとき第 1 行の並びを 1, a, b, c とおくと c=8 のとき a+b=25 でこれを満たす 2 数の組は (12,13) と (14,11) があり条件を満たすのは a=13, b=12 のときと決まります。よって横の 4 数は 1, 8, 12, 13 と決まります。

第 3 章　4 次の魔方陣は全部で 880 個、12 種類の型

魔方陣の覚え方を教えて

　魔方陣に興味をもっている方々や読者の皆さんから「3次、4次の魔方陣について忘れないために、その覚え方があったら教えて」という声をときどき聞きます。
　そこで一例を紹介しておきましょう。

　<3次の魔方陣の覚え方>
　日本では、古くから次の言い方が一般に知られています。(右図参照)

　　　294　　　　753　　61　　　8
　　憎しと思うな七五三、六一坊やを蜂が刺す

2	9	4
7	5	3
6	1	8

　次に、簡単で明快？　柴田流を紹介します。

　　816　　357　　492
　　入ろう　みいんなで　よい国へ

8	1	6
3	5	7
4	9	2

（注）「よい国」とは、学校、故郷、ドリームランドなど夢に描いたものをイメージしてください。

　<4次の魔方陣の覚え方>
　4次については一般に知られているものは私の記憶にはありません。
　4次は全部で880個もあるためでしょうか。そこで、私の柴田流を紹介します。

有名なデューラーの銅版画「メランコリア」にある魔方陣を取り上げます。

16	3	2	13
5	10	11	8
9	6	7	12
4	15	14	1

16　3　　2 13
色　見て　兄さん　　　五　色は　いいや
　　　　5　10　　1 18

96　　7 1 2　　　4　　15　14　　　1
黒は　ないに　　四行目　十五は十四たす一

（注）　第4行については、（D　15　14　A）としてもいい。

　1はアルファベットのA、4はDに相当し、Aはアルブレヒト、Dはデューラーを想起して採用しました。

　アルブレヒト・デューラーはこの魔方陣を作るのに第4行の15,14から始めて、試行錯誤ののちこれを発見したともいわれているので、その意図を考えるとこの覚え方もどうでしょうか。

第4章
芸術的な魔方陣の鑑賞

　この章では、私が魔方陣の神秘と秘密に魅せられ、興味と関心を深めたきっかけとなった3つの魔方陣について紹介しましょう。これが私の魔方陣への取り組みのはじまりでした。

① デューラーの 4次の魔方陣

16	3	2	13
5	10	11	8
9	6	7	12
4	15	14	1

　この4次の魔方陣は有名なドイツの画家アルブレヒト・デューラー（1471～1528）の銅版画「メランコリア」の中に描かれているものです。実は私が魔方陣に興味をもった最初の作品がこれです。

76　　第4章　芸術的な魔方陣の鑑賞

デューラー（ドイツ）（1471 ～ 1528）

アルブレヒト・デューラーは、画家として有名、数学者で近世曲線論の創始者。銅版画「メランコリア」にある４次の魔方陣は特に有名。ヨーロッパでは 16 世紀より以前は魔方陣の記録はなくて、ヨーロッパ最初の魔方陣として現在知られている最も古い記録が 1514 年の「メランコリア」にあるこのデューラーの魔方陣であるといわれています。

この魔方陣の神秘・魅力

この魔方陣の魔法和は 34 で、すべての縦、横、両対角線上の数の和を満たすことは当然としても、たとえば、次のようなところにも魔法和の 34 が発見できます。

- ◆ 四隅の数の和　（16+4+1+13=34）
- ◆ 対角線に平行に並ぶ２組ずつの数の和
  （3+5+12+14=34, 2+8+9+15=34）
- ◆ 第１行の中央の２数と第４行の中央の２数の和
  （3+2+15+14=34）
- ◆ 第１列の中央の２数と第４列の中央の２数の和
  （5+9+8+12=34）
- ◆ この魔方陣を４等分した小正方形の各々の４数の和
  （16+5+10+3=34……）
- ◆ 中心に関して対称な２数の和がすべて 34 の半分
  （10+7=17, 16+1=17……）

さらに、第４行にある 15, 14 はこの作品の制作年である 1514 年を示しています。

第４章　芸術的な魔方陣の鑑賞　77

SMSG 新数学双書『整数論』(O・オア著、本田 欽哉訳、河出書房新社）によれば、

「いちばん下の行の中央の 2 数は、1514 という年号になっているが、実はそれがちょうどこのデューラーの版画が作られた年なのです。彼はたぶんこの 2 数から出発して、いろんな試行錯誤ののち、のこりの数を発見したのであろう」

とあります。

私はこの魔方陣を見て、1 から 16 までの数を 1 回だけ使って、すべての縦、横、斜めの数の和がそれぞれ一定数 34 にできるとはなんと不思議なことでしょうか。

彼はどのようにしてこの魔方陣を作ったのか？

いったい魔方陣はつねに存在するのだろうか。存在するとすれば論理的に解明できるのか。などと興味と関心をもったのが私のはじまりです。そして、これは面白い、脳の活性化、老化防止にもなるかもしれないと思ったのです。

デューラーの魔方陣の作り方

では、次にこの魔方陣の作り方を考えてみましょう。

作り方 1　自然方陣の利用

自然方陣図イの対角線上の数は魔法和の 34 を満たしているのでそのまま生かします。

その他の数は中心点に関して対称に移すと図ロが得られます。

78　第 4 章　芸術的な魔方陣の鑑賞

図ロの２列と３列を入れ替えると図ハが得られます。

図ハを中心のまわりに180度回転するとデューラーの魔方陣が出来上がります。

図イ

1	2	3	4
5	6	7	8
9	10	11	12
13	14	15	16

図ロ

1	15	14	4
12	6	7	9
8	10	11	5
13	3	2	16

図ハ

1	14	15	4
12	7	6	9
8	11	10	5
13	2	3	16

デューラーの魔方陣

16	3	2	13
5	10	11	8
9	6	7	12
4	15	14	1

作り方２　数の並びに注目

16	15	14	13
9	10	11	12
5	6	7	8
4	3	2	1

デューラーの魔方陣

16	3	2	13
5	10	11	8
9	6	7	12
4	15	14	1

　左上図の２つの対角線上の数の和は魔法和の34を満たしているので、そのまま残して他は消します。次に右上隅から1, 2, 3……と入れていきます。このとき、すでに入っている数はそのまま生かすと結果としてデューラーの魔方陣が出来上がります。どうです。面白いでしょう。

第４章　芸術的な魔方陣の鑑賞　　**79**

② オイラーの 8次の魔方陣

1	48	31	50	33	16	63	18
30	51	46	3	62	19	14	35
47	2	49	32	15	34	17	64
52	29	4	45	20	61	36	13
5	44	25	56	9	40	21	60
28	53	8	41	24	57	12	37
43	6	55	26	39	10	59	22
54	27	42	7	58	23	38	11

　この 8 次の魔方陣は有名なスイスの数学者レオンハルト・オイラー（1707 ～ 1783）の作品です。

オイラー（スイス）（1707～1783）

　レオンハルト・オイラーは数学者。牧師の子として生まれ、神学、数学、天文学、物理学等を研究、18世紀最大の数学者であっただけでなく、多方面にわたって博学者の一人であった。有名なオイラーの公式 $e^{i\pi}+1=0$ は数学公式の中でも特に美しいものといわれています。晩年は失明したが召使に口授して代数学入門を公表、その他広範囲に功績を残し著作も多くオイラー全集は80巻以上もあるようです。

この魔方陣の神秘・魅力

◆　例えば、チェスの騎士がチェス盤上をL字形に動く（例 1 → 30 → 47 → 2）駒を手にして1から始めて桂馬とびで 2, 3……と数の順序にしたがって動いていくとどうなるでしょう？
　　最後には64までたどりつくようにできています。
　　これはゲーム感覚で実に面白く見事ですね。

◆　4等分した小正方形について。4数の和が対角線上を除き、魔法和の半分の130となっています。

　この作品は縦、横の数の和はいずれも魔法和の260になりますが、**対角線上の数の和が260になっていません。**
　そこで、両対角線上の数の和も260になるように私が改良したのが次頁の図です。これなら魔法和が260になります。

第4章　芸術的な魔方陣の鑑賞　　**81**

＜改良版・8次の魔方陣＞

52	29	4	45	58	23	38	11
47	2	49	32	39	10	59	22
30	51	46	3	24	57	12	37
1	48	31	50	9	40	21	60
5	44	25	56	63	16	33	18
28	53	8	41	14	19	62	35
43	6	55	26	17	34	15	64
54	27	42	7	36	61	20	13

作り方　改良版・8次の魔方陣

オイラーの魔方陣を4等分して

左上の正方形は裏返して配置します。

左下の正方形はそのまま配置します。

　右上の正方形は第1列と第3列を交換して右下に配置します。

　右下の正方形は裏返して右上に配置します。

　この結果、この魔方陣は両対角線上の数の和が各260となり魔方陣の条件を満たします。そして4等分した縦、横も数の和が各々130になっているところが魅力です。

82　　第4章　芸術的な魔方陣の鑑賞

3 フランクリンの8次の魔方陣

52	61	4	13	20	29	36	45
14	3	62	51	46	35	30	19
53	60	5	12	21	28	37	44
11	6	59	54	43	38	27	22
55	58	7	10	23	26	39	42
9	8	57	56	41	40	25	24
50	63	2	15	18	31	34	47
16	1	64	49	48	33	32	17

　もう一つ私が魅せられた魔方陣があります。上の8次の魔方陣です。これは、アメリカの有名な政治家であるベンジャミン・フランクリン（1706 ～ 1790）が作ったものです。

フランクリン（アメリカ）（1706 ～ 1790）

　ベンジャミン・フランクリンは有名な政治家、数学者。電気と雷の関係発見で知られています。魔方陣の研究もすぐれており、フランクリン型の方陣、その他の芸術的作品はとくに有名です。

第4章　芸術的な魔方陣の鑑賞　　**83**

この魔方陣の神秘・魅力

- 魔法和は 260 ですが、4 等分して 4 つの正方形に
  区切ると各行、各列の数の和が 130 で 260 の半分
  になっています。
- 四隅の数 52、16、17、45 と中央の 4 つの数 54、
  10、23、43 の和は 260 となっています。
- 中心から等距離にあるどの 4 つの数をとってもその
  和は 130 になっています。

  例　54+10+23+43=130, 5+57+40+28=130
  　　……

- どの小さな 2×2 の正方形でも 4 つの数の和は 130
  となっています。
- 16 から斜めに 10 まで上がり、次に 23 から 17 ま
  で斜めに下がるとその和は 260 となっています。
- 同じことが、上下、左右のすべての山型の 8 数につ
  いても成り立ちます。

これらのことを知るとその見事さにまさに驚嘆してしまい
ませんか。

彼はいったいどのようにしてこの魔方陣を考えついたので
しょうか？

ただし、**この魔方陣は対角線上の数の和は 260 になって
いない**ことに注意してください。

そこで、私が両対角線上の和も 260 になるように改良し
たものを次に示しておきましょう。

フランクリンは 1 から 64 を 1 〜 32, 33 〜 64 と分けて考察したと解して次の魔方陣を作ってみました。

改良版・8 次の魔方陣

52	61	4	13	42	24	47	17
14	3	62	51	39	25	34	32
53	60	5	12	26	40	31	33
11	6	59	54	23	41	18	48
55	58	7	10	45	19	44	22
9	8	57	56	36	30	37	27
50	63	2	15	29	35	28	38
16	1	64	49	20	46	21	43

4 創作
8次の魔方陣（8次の完全方陣）

1	57	15	55	4	60	14	54
16	56	2	58	13	53	3	59
17	41	31	39	20	44	30	38
32	40	18	42	29	37	19	43
33	25	47	23	36	28	46	22
48	24	34	26	45	21	35	27
49	9	63	7	52	12	62	6
64	8	50	10	61	5	51	11

　この魔方陣は1から64までの数を全部使って、すべての縦、横、および2つの対角線上にある数の和が、すべて魔法和の260となるように、私が創作した8次の魔方陣です。

　この魔方陣には、さらに驚くべき神秘・魅力・秘密が隠されています。あなたはそれを発見してみてください。

　魔方陣の面白さ、楽しさ、興味がいっそう深まることを期待しています。

解説：この魔方陣の神秘と魅力

◆ この魔方陣は **8 次の完全方陣**（魔法和が 260）です。
すなわち、すべての斜め上昇線上の数の和も、斜め下降線上の数の和も魔法和の 260 に等しくなっています。

例　49+24+47+42+20+53+14+11=260
　　48+25+18+39+13+60+51+6=260
　　16+41+18+23+45+12+51+54=260
　　17+40+47+26+52+5+14+59=260　など

◆ **フランクリン型が成立します。**
すなわち、上下左右の山の形にとった八格の数の和がすべて魔法和の 260 になっています。

例　上向き
　　64+9+34+23+36+21+62+11=260
　　下向き
　　1+56+31+42+29+44+3+54=260
　　左向き
　　54+3+44+29+36+21+62+11=260
　　右向き
　　1+56+31+42+23+34+9+64=260　など

◆ この魔方陣は**相結型**が成立します。任意の二方四格の数の和が 130 となっています。

例

◆ 横に 2 行ずつ区切りジグザグに数を加えると魔法和

の260になっています。

> 例 1+56+15+58+4+53+14+59=260
> 16+57+2+55+13+60+3+54=260 など

◆ この魔方陣の四隅の数の和と中央の四格の数の和は魔法和の260になっています。

> 例 (1+64+11+54)+(42+23+36+29)=260

◆ 4等分した4つの正方形についてみると、いずれも四隅の数の和は定数和の130になっています。

> 例 1+32+42+55=130, 33+64+10+23=130
> など

◆ この魔方陣の中心を対称の中心とする正方形の四隅の数の和はすべて定数和の130になっています。

> 例 31+34+21+44=130, 56+9+62+3=130
> など

◆ この魔方陣は**対称四和**です。すなわち、この魔方陣の中心を対称の中心とする長方形の四隅の数の和はすべて定数和の130になっています。

> 例 18+47+28+37=130, 41+24+35+30=130
> など

◆ 任意の6×6の正方形の四隅の数の和は130となっています。

> 例 57+24+35+14=130 2+63+6+59=130
> など

この魔方陣の作り方

フランクリンの8次の魔方陣から本文中に示してある改良版・8次の魔方陣を作り、さらに、上の神秘と魅力で述べたことを考慮して数の配置換えを行うことにより完成します。

デューラーの魔方陣・作成のなぞ？

16	3	2	13
5	10	11	8
9	6	7	12
4	15	14	1

　上図のデューラーの魔方陣について、第4行の中央の2数 15, 14 はこの銅版画が作られた 1514 年を表しています。

　「彼はたぶんこの2数から出発していろんな試行錯誤ののち、残りの数を発見したのであろう」と言われています。（本文参照）

　さらに、1514 年は母の没年でもあり、1はアルファベットのA、4はDに相当し彼の頭文字A・Dを示すとか。実に意義深い魔方陣といえますね。

　そこで、私は彼にならって、4行目の 4, 15, 14, 1 のところはそのままにして別の魔方陣は作れないのかと試行錯誤したところ、次の魔方陣を作ることができました。

　また、15, 14 だけはそのままにして、4次の魔方陣を作ってみると全部で 23 個見つかりました。ここでは省略。

13	2	3	16
7	12	9	6
10	5	8	11
4	15	14	1

13	2	3	16
5	11	8	10
12	6	9	7
4	15	14	1

13	2	3	16
12	9	6	7
5	8	11	10
4	15	14	1

13	2	3	16
11	8	5	10
6	9	12	7
4	15	14	1

13	2	3	16
10	11	8	5
7	6	9	12
4	15	14	1

13	2	3	16
6	12	9	7
11	5	8	10
4	15	14	1

13	2	3	16
7	9	6	12
10	8	11	5
4	15	14	1

13	2	3	16
10	8	5	11
7	9	12	6
4	15	14	1

16	3	2	13
9	6	7	12
5	10	11	8
4	15	14	1

　こうしてみると、果たして、**彼はどのようにしてこの4次の魔方陣を作ったのでしょうか。**

- ◆　試行錯誤ののち、たまたま1つ発見して作品にした。
- ◆　私のように複数作ってから最適なものとしてこれを選んだ。
- ◆　自然方陣を利用して求めた。
- ◆　楊輝の「花十六図」を参考にした。

などと「なぞを解く」ように思いをめぐらせてみると面白く、興味深いと思いませんか。

終 章
頭の体操 魔方陣の問題

問題 1

次の空欄をうめて 3 次の魔方陣を完成してください。

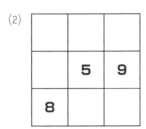

問題2

次の空欄をうめて4次の魔方陣を完成してください。

(1)

10			5
8	1		
		7	2
3		9	

(2)

	7	12	
10			5
		1	
3	9		16

(3)

	5	14	
9			2
15	10		
	3		13

(4)

6			15
	7	14	
13	1		8
		5	

(5)

12			13
		2	11
5		9	
	10		6

(6)

		3	
15		4	6
	8		11
12			7

(7)

	4		
1		12	
	2	7	
6			3

(8)

	1	14	
	6		
		8	5
2	16		

(9)

		15	14
	10		
12			6
	16	2	

(10)

	15		
		14	8
16	2		
13			12

(11)

10		16	
	12		14
	13		
15			4

(12)

		6	4
	1		
2			
10		3	5

終　章　頭の体操 魔方陣の問題

問題3

次の空欄をうめて4次の完全方陣を完成してください。

(1)

10		6	
		9	
11	14		
			13

(2)

			15
	13		
		7	
5		14	

(3)

	16		
4	5		
7			

問題 4

デューラーの作った魔方陣で年号の 15，14 のところはそのままにして、別の 4 次の魔方陣を作ってみてください。

問題 5

デューラーは 1528 年まで生きましたが、彼はこの作品を制作したその後、存命中に同じ場所に制作年を組み込んだ 4 次の魔方陣を制作しようとしたら作れたのでしょうか。彼にかわって考えてみてください。

遊び心で 楽しく 魔方陣を作ろう

ゲーム感覚で、6次の魔方陣を作ってみましょう。

1〜36を1〜4, 5〜8……, 33〜36と4つずつに分けて、次の(表1)のようにA〜Dのグループを作ります。

(表1)

A	1	5	9	13	17	21	25	29	33
B	2	6	10	14	18	22	26	30	34
C	3	7	11	15	19	23	27	31	35
D	4	8	12	16	20	24	28	32	36

次に、3次の魔方陣図イを用意して、1〜9に上のAグループの1, 5, 9……, 33に対応させて図ロを作ります。

図イ

8	1	6
3	5	7
4	9	2

図ロ

29	1	21
9	17	25
13	33	5

図ハ

32	4	24	31	3	23
12	20	28	11	19	27
16	36	8	15	35	7
29	1	21	30	2	22
9	17	25	10	18	26
13	33	5	14	34	6

図ロを図ハの4等分した左下にそのまま配置します。
　次に、この各数をもとにして4×4のマス目の四隅に（表1）の4数を下図のようにあたかもゲームを楽しむような感覚で順次記入していくと図ハが出来上がります。

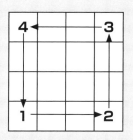

　図ハを見てください。実に驚くべき神秘と魅力を含んでいるのです。
　4等分してみると4つともに3方陣を作っています。左下は作成上当然ですが、他の3つの3方陣は（表1）のB, C, Dグループの各数でできているのです。
　中心に関して対称な四格の和はすべて定数和の74になっています。
　では、図ハが6次の魔方陣になっているのでしょうか？
　すべての縦の数の和は魔法和の111を満たしています。横の数の和は117と105、対角線上の数の和は114と108で魔法和の111になっていません。
　そこで、魔法和の111を満たすように数の交換をします。
　32と29, 4と1, 12と9, 28と25, 16と13, 36と33
　この結果、次頁の図の6次の魔方陣が完成します。

29	1	24	31	3	23
9	20	25	11	19	27
13	33	8	15	35	7
32	4	21	30	2	22
12	17	28	10	18	26
16	36	5	14	34	6

　私はこの６次の魔方陣が完成したとき、思わず**「できた！バンザイ!!」**　と叫んでいました。

解答編

練習問題1 (p.17)

(1)
4	3	8
9	5	1
2	7	6

(2)
6	7	2
1	5	9
8	3	4

(3)
4	9	2
3	5	7
8	1	6

練習問題2 (p.25)

(1)斜め方式

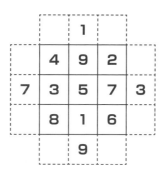

(2)斜めとび方式

	8	3	4
9	1	5	9
2	6	7	2
7	8	3	

(3)桂馬とび方式

2	7	6	
9	5	1	
4	3	8	7
		6	2
	5	4	9

練習問題 3 （p.38）

(1)

1	15	8	10
12	6	13	3
14	4	11	5
7	9	2	16

(2)

11	13	2	8
6	4	15	9
7	1	14	12
10	16	3	5

(3)

6	3	16	9
10	15	4	5
11	14	1	8
7	2	13	12

(4)

13	8	11	2
7	1	12	14
10	16	5	3
4	9	6	15

解答編

練習問題 4（p.41）

(1)

13	3	6	12
1	14	11	8
16	7	2	9
4	10	15	5

(2)

12	1	8	13
10	6	3	15
5	11	14	4
7	16	9	2

(3)

4	1	15	14
13	10	8	3
12	7	9	6
5	16	2	11

練習問題 5（p.57）

(1)

1	8	11	14
12	13	2	7
6	3	16	9
15	10	5	4

(2)

1	15	10	8
12	6	3	13
7	9	16	2
14	4	5	11

(3)

15	4	5	10
1	14	11	8
12	7	2	13
6	9	16	3

(4)

1	8	10	15
14	11	5	4
7	2	16	9
12	13	3	6

解答編　　**101**

頭の体操　演習問題1（p.32）

(1)
6	7	2
1	5	9
8	3	4

(2)
2	7	6
9	5	1
4	3	8

(3)
4	3	8
9	5	1
2	7	6

(4)
2	9	4
7	5	3
6	1	8

(5)
6	1	8
7	5	3
2	9	4

(6)
4	9	2
3	5	7
8	1	6

頭の体操　演習問題2（p.58）

(1)
10	3	16	5
7	12	1	14
2	13	8	11
15	6	9	4

(2)
12	1	14	7
15	9	6	4
2	16	3	13
5	8	11	10

(3)

8	1	15	10
9	12	6	7
4	5	11	14
13	16	2	3

(4)

4	5	16	9
11	14	7	2
13	12	1	8
6	3	10	15

(5)

5	16	3	10
15	9	4	6
2	8	13	11
12	1	14	7

(6)

11	10	8	5
16	7	9	2
1	14	4	15
6	3	13	12

(7)

3	6	9	16
10	15	4	5
8	1	14	11
13	12	7	2

(8)

13	1	12	8
16	4	9	5
2	14	7	11
3	15	6	10

(9)

1	12	8	13
15	6	10	3
14	7	11	2
4	9	5	16

解答編　　103

終　章　頭の体操　魔方陣の問題
問題 1 （p.91）

(1)

8	1	6
3	5	7
4	9	2

(2)

6	7	2
1	5	9
8	3	4

(3)

2	7	6
9	5	1
4	3	8

問題 2 （p.92）

(1)

10	15	4	5
8	1	14	11
13	12	7	2
3	6	9	16

(2)

13	7	12	2
10	4	15	5
8	14	1	11
3	9	6	16

(3)

4	5	14	11
9	16	7	2
15	10	1	8
6	3	12	13

(4)

6	10	3	15
11	7	14	2
13	1	12	8
4	16	5	9

(5)

12	1	8	13
14	7	2	11
5	16	9	4
3	10	15	6

(6)

5	16	3	10
15	9	4	6
2	8	13	11
12	1	14	7

(7)

11	4	5	14
1	13	12	8
16	2	7	9
6	15	10	3

(8)

7	1	14	12
15	6	9	4
10	11	8	5
2	16	3	13

(9)

4	1	15	14
13	10	8	3
12	7	9	6
5	16	2	11

(10)

4	15	10	5
1	11	14	8
16	2	7	9
13	6	3	12

(11)

10	3	16	5
7	12	1	14
2	13	8	11
15	6	9	4

(12)

15	9	6	4
7	1	12	14
2	8	13	11
10	16	3	5

問題3 (p.94)

(1)

10	15	6	3
5	4	9	16
11	14	7	2
8	1	12	13

(2)

10	8	1	15
3	13	12	6
16	2	7	9
5	11	14	4

(3)

9	16	3	6
4	5	10	15
14	11	8	1
7	2	13	12

問題4（p.95）

（例）

16	1	4	13
11	8	9	6
5	10	7	12
2	15	14	3

16	4	1	13
9	5	8	12
6	10	11	7
3	15	14	2

13	3	2	16
8	10	11	5
12	6	7	9
1	15	14	4

問題5（p.95）

4次の魔方陣は数が1から16までですから作れるとしたら1515と1516が可能性としてありますが、1515は当然だめ、1516については15+16=31ですから魔法和34を考えると他の2ケ所は1と2が第4行にくることになり構成できないので、作れないことになります。

106　解答編

参 考 文 献

「方陣の研究」平山 諦　阿部 楽方 著　大阪教育図書
「新数学辞典」一松 信 他著　大阪書籍
「魔方陣」大森 清美 著　富山房
「整数論」O. オア 著　本田 欽哉 訳　河出書房新社
「数学小景」高木 貞治 著　岩波現代文庫
「数学がおもしろくなる 12 話」片山 孝次 著　岩波
ジュニア新書
「世界でもっとも美しい 10 の数学パズル」マーセル・
ダネージ 著　寺嶋 英志 訳　青土社
「図解雑学　数の不思議」今野 紀雄 著　ナツメ社
「魔方陣にみる数の仕組み」内田 伏一 著　日本評論
社
「幾何の魔術－魔方陣から現代数学へ－」 佐藤 肇
一樂 重雄 著　日本評論社

あとがき

　私は、公立高校を定年退職後、「魔方陣」の研究に着手して 18 年、紙と鉛筆だけで魔方陣の作成に試行錯誤の挑戦をし、数の不思議さと神秘・魅力に取りつかれました。その体験から「魔方陣の楽しさ・面白さを子どもにも大人にも伝授したい。魔方陣を気軽に楽しんでもらいたい」との思いからその成果をまとめ、今回で 3 冊目の解説書の出版となりました。

　1 冊目は 4 次の作り方と魔方陣 880 個すべてを収録。創作 32 次の魔方陣など紹介。2 冊目の「最新版」は 5 次の完全方陣 144 種類をすべて収録。「楊輝算法」の三方陣から十方陣の独自の考察、素数方陣の作り方など収録。

　3 冊目の本書は、初心者を対象に、やさしく・くわしく丁寧に解説して魔方陣の神秘性・魅力を伝え数字に対してさらなる興味関心を深める本として出版。是非とも、この本が書店、学校図書館等で皆様の目にとまり愛読されることを心から切望しています。

　この本を通しての私の願いは次のとおりです。

　小中高校生へ　技術革新の進展が著しい今日、便利さに頼り自分の頭で考えることを忘れがち。自分の夢や目標に向かって果敢に挑戦し、失敗を恐れずに根気よく継続・努力する中で自ら考える力を養い、創造する楽しみ、生きる力を身につけて、将来各分野で活躍してほしい。

大人・高齢者の方へ　頭の体操、脳の活性化、老化防止、認知症予防の一助として気軽に楽しんでほしい。

　学校の先生方へ　第1章のコラムを参考にして魅力ある授業への導入教材・話題としての活用に是非とも魔方陣を採用してほしい。

平成 28 年 4 月

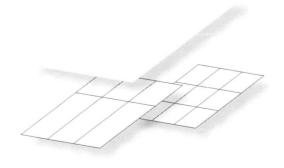

著者紹介
柴田　和洋 （しばた　かずひろ）

略歴

昭和 12 年 9 月　静岡県藤枝市に生まれる

　　　35 年 3 月　静岡大学教育学部卒　　県公立高校教員
　　　　　　　　　採用試験合格

　　　35 年 4 月　県立稲取高教諭を振り出しに、島田高、磐
　　　　　　　　　田南高、藤枝東高を経て、

　　　58 年　　　県教育委員会高校教育課指導主事、周智高
　　　　　　　　　教頭、浜松北高教頭、土肥高校長、県立情
　　　　　　　　　報処理教育センター所長、磐田南高校長

平成 10 年　　　定年退職　私立藤枝明誠高非常勤講師

　　　20 年　　　同校退職

　　　19 年　　　秋の叙勲にて瑞宝小綬章受賞

主な著書

「未来への提言・静岡編」「心の教育への提言」

「わが人生論」「二十世紀の日本・人生記録全集」

「私の人材育成論 ―21世紀の日本のために―」

「親の教え・師の教え」「人の道 私の社会規範」

「長く生きて、楽しく生きて」（以上文教図書出版・共著）

★「魔方陣の作り方と神秘・魅力」（発売元・静岡新聞社）

（平成22年静岡県自費出版大賞・奨励賞受賞 平成23年全国新聞社出版協議会ふるさと自費出版大賞・優秀賞受賞）

★「魔方陣 ＜作り方・神秘・魅力＞ 最新版」（発売元・静岡新聞社）

　　★印書籍については、お買求めいただけます。お求めの方は下記連絡先までお問い合わせください。

　　TEL：054-641-2297　柴田 和洋

2016年7月1日　　初版第一刷発行

著　者　　柴田 和洋
発行人　　佐藤 裕介
編集人　　冨永 彩花
発行所　　株式会社 悠光堂
　　　　　〒104-0045 東京都中央区築地 6-4-5
　　　　　シティスクエア築地 1103
　　　　　電話　03-6264-0523　FAX　03-6264-0524
　　　　　http://youkoodoo.co.jp/
制　作　　三坂輝プロダクション
デザイン　彩小路 澄美花
印　刷　　三和印刷 株式会社

無断複製複写を禁じます。定価はカバーに表示してあります。
乱丁本・落丁本は発売元にてお取替えいたします。

©2016 Kazuhiro Shibata ,Printed in Japan
ISBN978-4-906873-76-0　C2076

友の会出版会